AF388818

ASSOCIATION FRANÇAISE
pour le Développement des Travaux Publics
Constituée conformément à la loi de 1901

4ᵉ CONGRÈS NATIONAL DES TRAVAUX PUBLICS FRANÇAIS
à PARIS, les 18, 19 & 20 Novembre 1912

1ʳᵉ SECTION

L'Extension du Port de Bordeaux

PAR

M. Daniel GUESTIER

Président de la Chambre de Commerce

SIÈGE SOCIAL
EN L'HOTEL DES INGÉNIEURS CIVILS
19, Rue Blanche, 19

SECRÉTARIAT ADMINISTRATIF
35, Rue Le Peletier, 35
PARIS

ASSOCIATION FRANÇAISE
POUR LE DÉVELOPPEMENT DES TRAVAUX PUBLICS

Constituée conformément à la loi de 1901

Président

M. Ch. Prevet, ancien Sénateur.

Vice-Présidents

M. Baudin, Ancien Ministre des Travaux publics.

M. Groselier, ancien Président du Syndicat professionnel des Entrepreneurs de Travaux Publics de France.

M. Millerand, Ministre de la Guerre, ancien Ministre du Commerce et des Travaux Publics

M. Bertin, membre de l'Académie des Sciences.

Secrétaire général

M. J. Hersent, Entrepreneur de Travaux maritimes.

Secrétaire trésorier

M. E. Bourdonnay, Directeur du *Journal des Travaux publics*.

Secrétaire

M. Gallotti, Ingénieur civil.

Rapporteur général

M. le Lieutenant-Colonel Espitallier.

1re section : Ports

M. Maury, Ingénieur civil, Président.

M. Quellennec, Ingénieur en chef des Ponts-et-Chaussées, Vice-Président.

2e section : Voies navigables

M. Malle, Ingénieur civil, Président.

M. Alby, Ingénieur en chef des Ponts-et-Chaussées, Vice-Président.

3e section : Chemins de Fer et Voies de Communication

M. Duportal, Président, Inspecteur Général des Ponts et Chaussées en retraite.

M. Barbet, Ingénieur civil, Vice-Président.

4e section : Utilisation des Eaux et Hygiène

M. Dumont, ancien Président de la Société des Ingénieurs Civils, Président.

M. Chardon, Ingénieur civil, Vice-Président.

5e section : Entreprises d'utilité publique

M. Sibille, Député, Président.

M. le Comte d'Agoult, Vice-Président, ancien Député.

Progression du trafic du Port de Bordeaux pendant les 10 dernières années

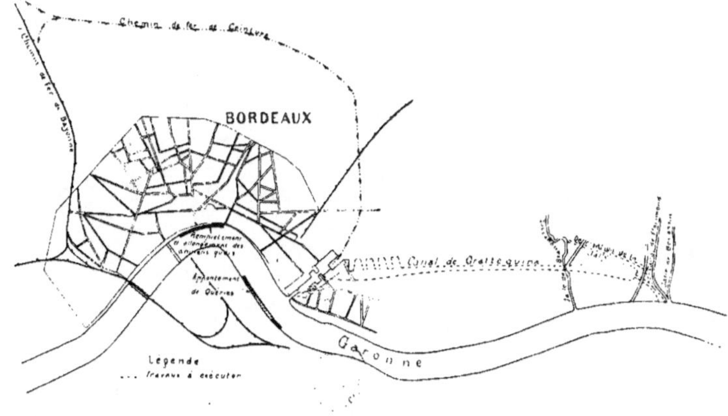

L'EXTENSION DU PORT DE BORDEAUX

Par M. Daniel GUESTIER

Président de la Chambre de Commerce

Le trafic du port de Bordeaux, qui s'était montré stationnaire pendant les années qui précédèrent 1905, s'est élevé à partir de cette date (comme le montre le graphique ci-inclus) avec une telle rapidité que les aménagements du port se sont trouvés subitement insuffisants et qu'un grave problème s'est posé à ceux qui avaient la responsabilité de l'avenir de cet établissement maritime : celui de pourvoir non seulement aux nécessités immédiates du moment, mais à un développement futur que tout indiquait comme devant être considérable.

Ce problème de l'extension du port de Bordeaux, que la Chambre de Commerce de cette ville a tenté de résoudre au mieux des intérêts dont elle avait la garde, n'était pas sans présenter de réelles difficultés, qu'il est nécessaire d'exposer pour faire comprendre la raison des solutions qui ont été adoptées.

Comme le montre le croquis annexé à notre rapport, le port de Bordeaux est établi sur les deux rives de la Garonne, à 100 kilomètres environ de l'embouchure de ce fleuve, en un point où le tracé du lit décrit une courbe des plus prononcées. En vertu d'une loi générale de la nature, c'est sur la rive dont la concavité est tournée vers le fleuve, c'est-à-dire, pour Bordeaux, sur la rive gauche, que règnent les grandes profondeurs du lit; c'est donc sur cette rive qu'est né et que s'est développé le port, envahissant peu à peu, dans sa croissance, toute la région où la profondeur de l'eau permettait le stationnement des navires dont la calaison n'a cessé d'augmenter. C'est ainsi que 2 500 mètres de quais verticaux ont été construits sur cette rive et qu'il n'y restait plus, en 1910, que quelques centaines de mètres de cales inclinées, fréquentées par la batellerie, qui fussent susceptibles d'être transformées pour l'usage de la grande navigation.

Sur la rive droite, dont la convexité est tournée vers le fleuve, les profondeurs ne commencent qu'à l'aval, au moment où elles cessent sur la rive gauche; la courbure étant peu prononcée, les profondeurs y sont moindres; mais elles ont été néanmoins utilisées peu à peu pour l'établissement d'estacades et de quais d'amarrage où est déchargé un énorme tonnage de houilles et de minerais; ces matières sont destinées à des usines de produits chimiques établies sur ce point, où les terrains conquis sur le fleuve n'avaient qu'une valeur relativement faible et où la liaison avec le chemin de fer d'Orléans offrait de grandes facilités au commerce.

Etant donné le trafic intense qui s'opère sur cette rive, la Chambre de Commerce n'a cessé de réclamer des Pouvoirs publics le développement des installations qui s'y trouvent; mais l'Administration a toujours montré la plus grande répugnance à prolonger les ouvrages sur un point où les profondeurs ne paraissaient pas aux services techniques, présenter une stabilité suffisante.

En dehors des ouvrages établis sur les deux rives de la Garonne, Bordeaux, possède, depuis environ 30 ans, un bassin à flot présentant un développement de 1 800 mètres de quais et dont les deux écluses débouchent à l'aval des ouvrages de la rive gauche; ce bassin à flot étant devenu insuffisant en 1902, on commença les travaux d'une nouvelle darse pouvant fournir 1 000 mètres de quais; mais la seule porte d'entrée à ces bassins est constituée par les anciennes écluses, dont le radier ne se trouve qu'à trois mètres au-dessous de la basse-mer et qui ne peuvent recevoir en morte-eau que des navires de 6 mètres de tirant d'eau.

D'autre part, les bassins à flot n'étaient desservis que par des voies ferrées longeant toute la longueur des quais de Bordeaux sur des voies publiques tellement encombrées dans la journée que la circulation des trains y est forcément limitée.

En outre, l'accès du port lui-même demandait à être amélioré: bien que la Gironde soit facilement accessible jusqu'à Pauillac, à 50 kilomètres de son embouchure, aux navires de 8 m. 50 de calaison et, en amont, jusqu'à Bordeaux, aux navires de 7 m. 50, il convenait de tenir compte de l'augmentation rapide des dimensions des navires.

Bordeaux est déjà tête de la ligne postale pour les communications avec les grandes nations sud-américaines (Messageries Maritimes, Compagnie Sud-Atlantique), point d'escale important des lignes de l'Amérique du Nord, du Mexique, des Antilles, de l'Afrique Occidentale, etc... (Compagnie Générale Transatlantique, Chargeurs Réunis); à plusieurs reprises, des grandes Compagnies françaises et étrangères ont manifesté l'intention d'établir un point d'escale et même une tête de ligne à Bordeaux et, seul, le manque de place à quai s'y était opposé. Il convenait donc d'aménager le lit du fleuve pour le passage de transatlantiques dont les dimensions pouvaient être importantes.

Enfin, dans les solutions à adopter, il y avait lieu de tenir compte des convenances d'établissements d'ancienne date et d'une importance commerciale considérable, et de ne pas nuire à leur existence pour satisfaire aux besoins nouveaux.

A la veille de prendre une décision sur un projet d'ensemble dont le choix engageait d'une façon définitive l'avenir du port et de la ville, la Chambre de Commerce crut bon de faire appel à toutes les compétences et, sans méconnaître en rien la science bien connue des ingénieurs de l'Administration, elle ne voulut négliger aucun moyen de se renseigner auprès des techniciens les plus autorisés. C'est pourquoi, par une initiative peut-être hardie, mais dont le Congrès appréciera sans doute la signification, elle fit appel à tous les grands entrepreneurs de France pour leur soumettre le problème et demander à leur expérience la solution la plus avantageuse pour la réalisation du programme dont elle avait arrêté les grandes lignes dans les termes suivants :

1° Création, à l'embouchure de la Gironde, d'un port d'escale accessible aux plus grands navires, établi dans des conditions telles qu'il pût recevoir, à toute marée, des navires de 12 mètres de tirant d'eau.

2° Approfondissement du chenal entre cet avant-port et Bordeaux, de façon à permettre l'accès à Bordeaux des navires de 8 m. 50 de calaison.

3° Création, dans le port de Bordeaux, de nouveaux quais dont la longueur pût atteindre jusqu'au quadruple de celle des quais des bassins actuellement en service et, spécialement sur la rive droite du fleuve, de six postes d'amarrage en sus de ceux existants, en construction ou à l'enquête.

Parmi les projets présentés à ce concours, ceux qui furent classés **premiers** ex-equo et entre lesquels fut partagé le prix de 15 000 fr. affecté au concours, étaient, de tous points, remarquables; ils avaient été présentés, l'un par MM. J. et G. Hersent, et l'autre par la Société de construction des Batignolles et MM. J. Loste et Cⁱᵉ; ce dernier avait été établi, au point de vue technique, par M. Joly, inspecteur général des Ponts et Chaussées en retraite.

La Chambre de Commerce avait pu, par l'examen des projets divers qui lui avaient été présentés et par les discussions qui en étaient issues, se faire une opinion très nette sur les avantages des différentes solutions qu'on pouvait envisager. Elle se mit alors d'accord avec l'Administration sur un programme général d'amélioration et d'extension du port de Bordeaux, qui fut déclaré d'utilité publique par la loi du 15 juillet 1910 qui le définit dans les termes suivants :

1° Approfondissement des passes de la Gironde et de la Garonne maritime.

2° Travaux d'amélioration et d'extension du port proprement dit, comportant principalement :

a) La transformation et le prolongement des anciens quais en rivière sur la rive gauche.

b) L'agrandissement du bassin à flot n° 2 par la construction de cinq nouvelles darses, avec création, au lieu dit Grattequina, d'une nouvelle entrée reliée par un canal maritime au bassin agrandi et la construction d'une forme de radoub;

c) Divers travaux accessoires tels que l'allongement de la forme n° 1, la construction des cales de batellerie et la transformation de la cale du Médoc en quai vertical.

3° Le rachat des appontements de Pauillac.

4° La création d'une station d'escale au Verdon.

La dépense des travaux prévus aux § 1° et 2° de ce programme est évaluée à 136 500 000 fr. dont 80 millions de francs à engager immédiatement pour l'exécution d'une partie des travaux et l'acquisition des terrains nécessaires à l'ensemble des extensions projetées et 56 500 000 fr. à engager ultérieurement pour la construction des quatre dernières darses du bassin à flot et d'une forme de radoub.

Pour la réalisation des travaux à exécuter immédiatement, la Chambre de Commerce de Bordeaux contribue aux dépenses par un subside de 38 500 000 francs, le surplus de la dépense, évalué à 41 500 000 francs, restant à la charge de l'Etat.

Sur ce programme, dont l'ensemble vient d'être exposé, nous donnerons sommairement quelques indications complémentaires.

1° *Approfondissement des passes de la Gironde et de la Garonne maritime*. — Les travaux exécutés sur la Garonne maritime, depuis une vingtaine d'années, ont réalisé, sur les différentes passes, une augmentation de profondeur qui peut-être évaluée à 1 m. en moyenne; une étude approfondie de la question a permis de penser qu'un approfondissement du même ordre pouvait être encore obtenu, ce qui permettrait la montée à Bordeaux des navires de 8.50 de tirant d'eau et, jusqu'à Pauillac des navires de 10 mètres. Pour réaliser cette amélioration, on a décidé, outre la construction d'ouvrages de nature à améliorer le mouvement des eaux en vue de l'approfondissement du lit, l'enlèvement, par dragages, de 20 à 25 millions de mètres cubes de dépôts à extraire du chenal. On a représenté schématiquement, sur le croquis joint à notre rapport, les points où s'effectueront ces dragages. Il a été prévu une dépense de 6 500 000 fr. pour l'achat de deux dragues à godets capables d'enlever par heure 500 à 550 mètres cubes dans l'argile compacte, d'un appareil refouleur capable d'écouler dans des champs d'épandage, jusqu'à 3 000 mètres, le produit des dragages et de remorqueurs de 800 chevaux capables de transporter rapidement, depuis les dragues jusqu'au refouleur, les chalands porteurs des dépôts. L'ensemble de la dépense pour l'amélioration des accès est évaluée à 20 000 000 fr.

2° *Travaux d'extension du port proprement dit.* - Ils comprennent :

a) Le rempiètement, sur 953 mètres de longueur, des quais d'amont, qui ne pouvaient être utilisés par les navires transatlantiques par suite de la présence, à leur pied, d'enrochements nécessaires à leur stabilité. Un viaduc, formé de voûtes s'appuyant sur des piles fondées à l'air comprimé, sera placé à une dizaine de mètres en avant des anciens quais et permettra de maintenir, s'il est besoin, par des dragages une profondeur au pied du nouveau quai de 6 à 7 mètres, à basse mer. De plus, ce viaduc s'étendra devant les cales de batellerie et 200 mètres de quai nouveau seront créés à l'amont. Les quais de rive gauche auront, par ces travaux, dont l'exécution est en cours, acquis le développement maximum qu'il soit possible de leur donner. La dépense de ce chapitre est évaluée à 5 500 000 francs.

b) L'agrandissement des bassins à flot et la création d'une nouvelle entrée devaient être réalisées suivant une conception assez large et tenir compte de l'accroissemnt simultané des dimensions des navires et de l'intensité du trafic. L'écluse destinée à fournir un nouvel accès aux Bassins à flot aura une longueur utile de 225 mètres, une largeur de 30 mètres et son radier sera placé à (5 m 25) au-dessous des basses-mers, ce qui assurera aux navires une profondeur d'eau de 9 m. 30, par les marées moyennes de morte-eau et de 8 m. 73 par les marées les plus faibles. Il n'était pas possible de placer une seublable écluse dans le voisinage immédiat des anciennes écluses ni des quais en rivière; on a donc été amené à l'établir en aval, sur le point le plus rapproché où l'on rencontrât une fosse suffisante; c'est en ce lieu, appelé Grattequina, que sera établie l'écluse, reliée aux bassins par un canal maritime le long duquel il sera aisé d'établir des darses et de construire de nombreux établissements industriels dont l'installation sera facilitée par la disposition du terrain et les facilités de raccordement aux voies ferrées. ,

En vue d'un développement industriel qu'il est logique de prévoir sur ce point, la Chambre de Commerce a obtenu qu'il fût procédé immédiatement à l'achat de tous les terrains nécessaires à la totalité des extensions projetées, y compris la construction d'une seconde écluse accolée à la première et de formes de radoub de 300 mètres de longueur.

Mais, dès à présent, une nouvelle darse (n° 3) présentant un développement de 1 000 mètres de quai va être immédiatement établie.

c) Les travaux accessoires comprennent l'édification d'un quai de 95 mètres de longueur à l'emplacement, sur la rive gauche du port, de l'ancienne cale du Médoc (travail qui fut rapidement exécuté en 1911), l'allongement à 175 mètres de la forme de radoub actuelle et divers travaux de détail sur lesquels il est inutile d'insister.

Si l'on totalise les dépenses afférentes aux travaux déjà engagés, on arrive aux chiffres suivants :

Approfondissement des passes de la Gironde et	5 500 000
de la Garonne	20 000 000
Transformation et prolongement des anciens	
quais en rivière	5 500 000
Écluse d'entrée	15 000 000
Construction d'un canal d'accès aux bassins..	12 000 000
Construction d'une darse n° 3	8 000 000
Travaux accessoires	1 000 000
Achat de terrains et somme à valoir	18 500 000
Total :	80 000 000

On remarquera que la loi du 15 juillet 1910 n'a rien prévu pour l'extension des quais de la rive droite, pour lesquels les services techniques de l'Administration n'avaient pas cru pouvoir entrer dans les vues du commerce local. On a préféré, pour ne pas retarder l'exécution des améliorations, sur lesquelles on était d'accord avec les Pouvoirs publics, disjoindre une partie du programme de la Chambre de Commerce à laquelle il était possible de procéder par voie de travaux partiels exécutés au moment opportun. Mais, pour accroître le rendement des ouvrages de la rive droite et remédier en partie à leur encombrement, la Chambre de Commerce a procédé à l'établissement, sur ce point, d'un ensemble d'appareils de déchargement spéciaux combinés avec des silos et des transporteurs aériens, qui permettra de conduire rapidement, par voie aérienne, à raison de 200 tonnes par heure et par navire, depuis la cale du bâtiment jusqu'aux chantiers privés ou jusqu'à la gare de départ, les matières pondéreuses de toutes sortes amenées aux quais de rive droite, plus connus sous le nom d'appontements de Queyries. Cette installation, qui sera peut-être la plus importante de l'Europe, permettra d'accroître notablement l'intensité du trafic s'effectuant sur ce point, en utilisant à son maximum la longueur de quai disponible pour l'amarrage des navires

Disons, à ce propos, qu'en ce qui concerne l'outillage mécanique du port, géré directement par la Chambre de Commerce et pour lequel elle a plus de liberté de décision, un développement considérable lui a été donné au cours de ces dernières années. Il comprend, à l'heure actuelle, 108 appareils de levage (grues et ponts de déchargement), dont 1 de 80 tonnes, 1 de 10 tonnes, 7 de 6 tonnes, 10 de 5 tonnes, 37 de 3 tonnes et 35 de 1 500 kilogs; 25 de ces appareils construits récemment, sont mus par l'électricité et peuvent effectuer toutes les manœuvres nécessaires au déchargement des navires et, en particulier, actionner les exacavateurs de tous systèmes employés pour la manutention des charbons, pyrites, phosphates et autres matières pondéreuses.

Station d'escale du Verdon et avant-port. — On a vu plus haut que la loi du 15 juillet 1910 avait compris dans le programme général d'extension et d'amélioration du port de Bordeaux, d'une part, la création, au Verdon, c'est-à-dire à l'embouchure même de la Gironde sur l'océan Atlantique, d'une station d'escale destinée aux paquebots des grandes lignes de navigation.

La Chambre de Commerce a pensé, en effet, que le développement du port de Bordeaux était inséparable de celui de la navigation générale sur la Garonne et la Gironde. Forte de l'appui que lui ont apporté le Conseil Général du département et la Ville, et estimant que l'ouverture prochaine du canal de Panama amènerait vers Bordeaux

un mouvement considérable de passagers et de marchandises, elle a
voulu fournir à ce nouveau trafic toutes les facilités, de manière à
créer, dans le sud de la France, à toute l'Europe centrale par Lyon,
un débouché naturel vers les Amériques, l'Afrique occidentale et
peut-être vers l'Extrême-Orient.

A ce point de vue, il était nécessaire, d'une part, de développer
et d'améliorer l'avant-port de Pauillac, dont l'accès devait être ouvert
aux paquebots de 10 mètres de tirant d'eau, et pour cela de racheter
cet ouvrage à la Société qui en était concessionnaire et qui aurait pu
difficilement assurer au commerce les facilités qu'il demandait.

D'autre part, il convenait de créer, dans le voisinage même de
l'Océan, une station d'escale accessible aux plus grands navires.

Depuis le vote de la loi du 15 juillet 1910, la Chambre de Commerce, soutenue par le Conseil Général de la Gironde et la Ville de
Bordeaux, a poursuivi énergiquement auprès des pouvoirs publics la
mise en œuvre de ces travaux et elle est sur le point d'aboutir.

Quai de grande navigation à Blaye. — Mettant de côté tout esprit
de particularisme, la Chambre de Commerce de Bordeaux n'a pas
hésité à apporter son concours au port de Blaye, situé sur la rive
droite de la Gironde, et qui était tout indiqué pour être le débouché
des chemins de fer de l'Etat sur le grand estuaire qui le relierait facilement à la navigation maritime. Pour permettre le développement
de ce port, la Chambre de Commerce de Bordeaux s'est engagée à
souscrire, pour la moitié, à une dépense de près de 2 millions nécessaire pour l'établissement d'un quai de grande navigation de 214 mètres avec 5 mètres de profondeur sous basse-mer au pied de l'ouvrage, ainsi que des aménagements accessoires et de l'outillage per-
fectionné à y installer.

Chemin de fer de ceinture. - Nous avons dit plus haut les difficultés auxquelles on se heurtait pour assurer la desserte régulière par
voies ferrées des installations du bassin à flot. Pour remédier à ces
inconvénients, la Chambre de Commerce de Bordeaux, unie au Conseil Général de la Gironde et à la ville de Bordeaux a obtenu la construction d'une ligne spéciale de chemin de fer dite « de Ceinture »
qui, contournant la ville de Bordeaux par la banlieue, permettra
aux trains de circuler d'une façon intensive à toutes heures du jour
et de la nuit. Pour l'exécution de cette ligne, la Chambre de Commerce, tant en son nom qu'au nom des autres corps intéressés, a pris
l'engagement de supporter les 4/5 de la dépense d'acquisition des

terrains et le cinquième du montant des travaux; on évalue la dépense à sa charge de 2 000 000 à 2 500 000 francs. Les expropriations nécessaires sont en cours et les travaux suivront immédiatement.

Pont à travée mobile pour la traversée de la Garonne à Bordeaux. — Pour améliorer les relations par chemin de fer et par charrois entre les deux rives de la Gironde, la Chambre de Commerce, en même temps qu'elle accordait une subvention de 200 000 fr. à la construction d'un pont transbordeur du type Arnodin, reconnaissait d'accord avec le Conseil Général de la Gironde et le Conseil Municipal de Bordeaux la nécessité de compléter l'outillage du port par l'établissement, sur la Garonne, d'un pont à travée mobile destiné à assurer, d'une manière presque permanente et sans péage, les communications de toutes natures entre les deux rives. La construction de ce pont améliorerait notablement les relations entre le centre commercial de la rive gauche et le centre industriel de la Bastide, de formation récente sur la rive droite, en même temps qu'elle offrirait au trafic, empruntant les réseaux de l'État et de l'Orléans, un aboutissement à la gare Bordeaux-Saint-Louis, devenue gare commune, terminus du chemin de fer « de ceinture » et de la ligne desservant les avants-ports de Pauillac et du Verdon; comme conséquence directe, il en résulterait l'unification des tarifs sur tous les points du port.

La commission, réunie pour l'étude de cette question, s'est arrêtée à un projet qui comporte la construction, dans le prolongement de l'axe de la place des Quinconces, d'un pont avec travée levante de 62 m. 30 d'ouverture. Ce pont aurait une largeur de 24 mètres, où peuvent s'établir deux voies ferrées, deux voies charretières, deux voies de tramways et des trottoirs pour piétons. La dépense est évaluée à 7 500 000 fr.

On espère voir soumettre à l'enquête d'utilité publique, dans un court délai, ce projet dont la réalisation donnera les meilleurs résultats pour le commerce national et l'avenir du port de Bordeaux.

Tel est, exposé en quelques mots, l'ensemble des travaux, dont la plus grande partie est en cours d'exécution et dont le reste va être nous l'espérons, entrepris sous peu. Ainsi sera rendue à la Ville de Bordeaux, nous en sommes certains, la place prépondérante qu'elle a tenue si longtemps dans nos annales maritimes et qui est la résultante de son heureuse situation et de l'esprit commercial de ses citoyens

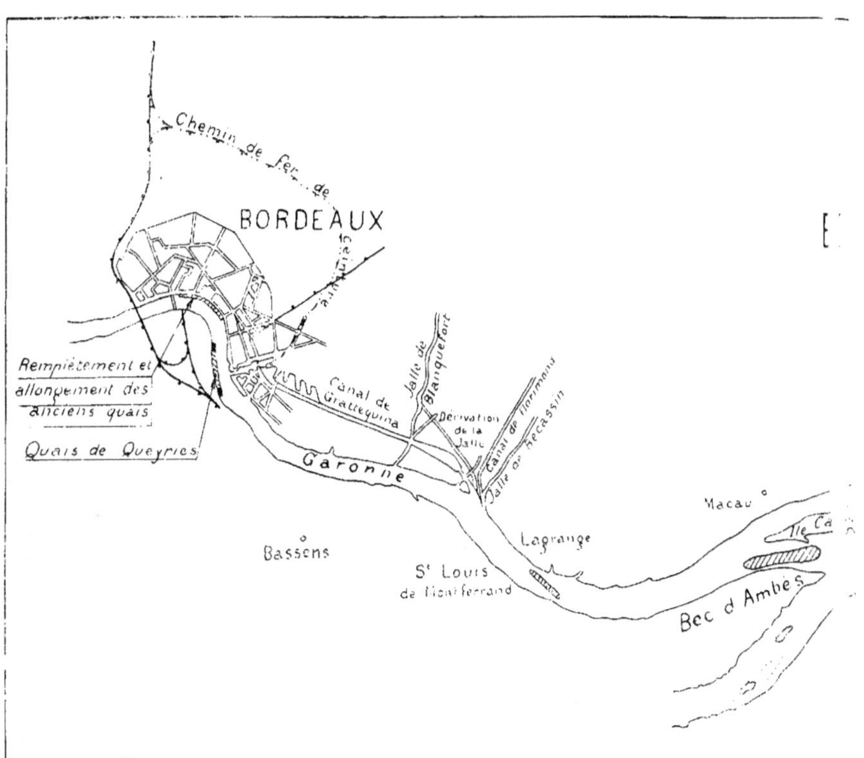

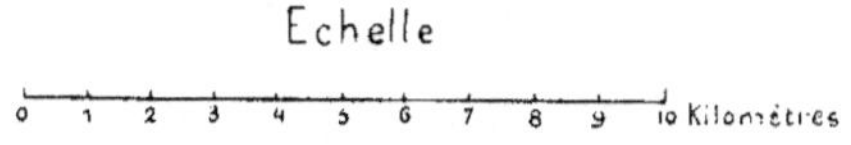

Nota. — Les parties hachurées dans le lit du fleuve indiquent les dragages à effectuer

Echelle

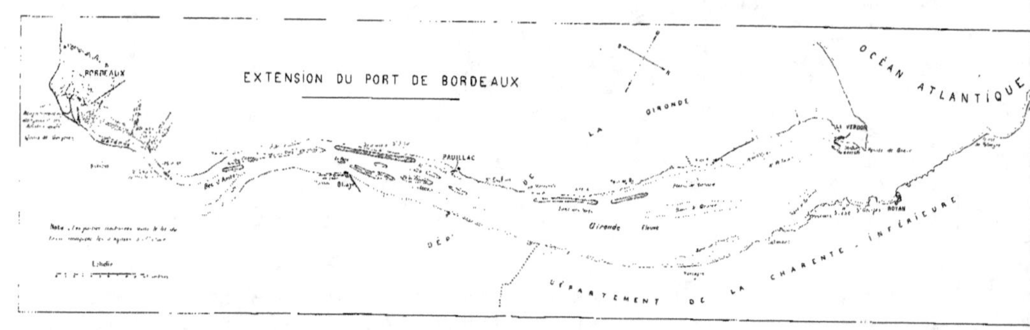

BORDEAUX
EXTENSION DU PORT DE BORDEAUX
Bec d'Ambès
Blaye
PAUILLAC
LA GIRONDE
OCÉAN ATLANTIQUE
LE VERDON
Gironde Fleuve
ROYAN
DÉPARTEMENT DE LA CHARENTE-INFÉRIEURE
Échelle